全国技工院校机械类专业通用（高级技能层级）

液压传动与气动技术（第二版）习题册

中国劳动社会保障出版社

简介

本习题册是全国技工院校机械类专业通用教材（高级技能层级）《液压传动与气动技术（第二版）》的配套用书。本习题册紧扣教学要求，按照教材章节先后顺序编排，知识点分布均衡，题型丰富多样，难易配置适当，有助于学生复习巩固所学知识。

本习题册由周晓峰主编，巢佳参加编写。

图书在版编目(CIP)数据

液压传动与气动技术（第二版）习题册/周晓峰主编. -- 北京：中国劳动社会保障出版社，2018

全国技工院校机械类专业通用. 高级技能层级

ISBN 978 - 7 - 5167 - 3598 - 5

Ⅰ. ①液… Ⅱ. ①周… Ⅲ. ①液压传动-技工学校-习题集②气压传动-技工学校-习题集 Ⅳ. ①TH137 - 44②TH138 - 44

中国版本图书馆 CIP 数据核字(2018)第 160227 号

中国劳动社会保障出版社出版发行

（北京市惠新东街 1 号　邮政编码：100029）

*

三河市潮河印业有限公司印刷装订　新华书店经销

787 毫米×1092 毫米　16 开本　3.25 印张　76 千字

2018 年 7 月第 1 版　2025 年 12 月第 13 次印刷

定价：7.00 元

营销中心电话：400－606－6496

出版社网址：http://www.class.com.cn

http://jg.class.com.cn

目　录

第一章 液压传动基础知识

§1—1 液压传动概述

填空题（请将正确答案填在横线处）

1. 液压传动中，液压元件的制造精度要求______，其使用和维护的要求也较________。
2. 液压传动中，压力油通过管道传输，如果管道过长，则会造成____________。
3. 液压传动是用________作为工作介质来传递______和进行控制的传动方式。
4. 千斤顶在工作过程中，泵能实现吸油，这是因为____________形成了部分真空。

判断题（判断正误并在括号内填√或×）

1. 液压传动装置本质上是一种能量转换装置。（ ）
2. 液压传动具有承载能力大、可实现大范围内无级变速和获得恒定的传动比的特点。（ ）
3. 液压传动与机械传动相比传动比较平稳，故广泛应用于要求传动平稳的机械上。（ ）
4. 液压传动不易获得较低的运动速度。（ ）
5. 液压传动不能用于传动比要求较高的场合。（ ）
6. 由于液压元件已经实现标准化、系列化和通用化，故液压系统维修方便。（ ）
7. 液压油是液压传动的工作介质，它是不可压缩的。（ ）
8. 液压油中混有空气，可能会引起液压缸低速爬行。（ ）

选择题（请在下列选项中选择正确答案并填在括号中）

1. 液压传动的特点有（ ）。
   A. 可与其他传动方式联用，但不易实现远距离操纵和自动控制
   B. 可以在运转过程中转向、变速，传动比准确
   C. 可以在较大的速度、转矩范围内实现无级变速
2. 在静止的液体内部某个深度的某一点处，该点所受到的压力是（ ）。
   A. 向上的压力大于向下的压力
   B. 向下的压力大于向上的压力
   C. 各个方向的压力都相等
3. 密封容器里的静止油液中（ ）。
   A. 任意一点所受到的各个方向的压力不相等

B. 油液的压力方向不一定垂直指向承压表面

C. 当一处受到压力作用时，将通过油液将此压力传递到各点，且其值不变

思考题

起落架是飞机在地面停放、滑行、起飞和着陆滑跑时用于支撑飞机重力、承受相应载荷的装置。它能够消耗和吸收飞机在着陆时的撞击能量。在旧式飞机上，起落架固定在机身下方，在飞机飞行过程中始终暴露在机身之外，如图 1—1—1a 所示。在现代飞机上，为了减小飞行阻力，采用了可收放的起落架，在飞机起飞后可以自动收纳入机身或机翼中，飞机着陆时再将起落架放下来，如图 1—1—1b 所示。

图 1—1—1　飞机起落架

a）固定式起落架　b）可收式起落架

现代飞机的可收式起落架采用液压传动方式完成收放。通过对液压传动基础知识的学习，请谈谈为什么起落架收放采用液压传动来驱动？

§1—2　液压传动工作原理与系统组成

填空题（请将正确答案填在横线处）

1. 液压传动的工作原理是以____________为工作介质，依靠油液____________传递动力。

2. 液压系统主要由____________、____________、____________、____________和____________组成。

3. 液压控制元件主要用来控制和调节油液的____________、____________和____________。

4. 液压辅助元件起____________、____________、____________和____________等作用。

5. 液压泵将原动机输出的____________转换为油液的____________。

6. 执行元件有液压缸和____________，将油液的____________转换为带动工作机构的____________，以驱动工作部件运动。

7. 液体在外力作用下流动时，液体内部分子间的____________会阻碍分子____________，即分子间会产生一种____________。这一特性称为液体的____________。

8. 液体的黏性一般用黏度来表示，常用的黏度指标主要有 3 种：____________、____________和____________。

9. 评定润滑油性能的重要指标是____________。

判断题（判断正误并在括号内填√或×）

1. 液压传动是以油液为工作介质，以密封容积的变化来传递运动或动力。（　　）

2. 液压元件的图形符号能表示各元件的结构特点。（　　）

3. 油液的黏度随温度变化，温度越高，油液的黏度越大；反之，油液的黏度越小。（　　）

4. 液压传动过程中涉及两次能量转换，在液压系统对外做功时是将油液的压力能转换为机械能。（　　）

选择题（请在下列选项中选择正确答案并填在括号中）

1. 下列元件中属于动力元件的是（　　）。

阀　A.　　液压缸　B.　　液压泵　C.

2. 通常当工作压力较低时宜选用黏度较（　　）的油，环境温度较高时宜选用黏度较（　　）的油。

A. 低　　B. 高　　C. 无法确定

3. 液压泵是将电动机的（　　）转变为液压能。

A. 电能　　B. 液压能　　C. 机械能

4. 我国的法定计量单位中，（　　）的单位是 m^2/s（平方米/秒）。

A. 动力黏度　　B. 运动黏度　　C. 相对黏度

5. 当系统工作速度较低时，应选择黏度（　　）的液压油。

A. 较高　　B. 较低　　C. 无要求

6. 选用液压油时，主要考虑（　　）。

A. 液压系统工作压力、工作环境

B. 液压系统工作压力、工作速度、工作环境

C. 液压系统工作速度、工作环境

思考题

随着城市化进程的加快，一座座高楼拔地而起，城市面貌焕然一新。建筑工地上，运输建筑材料的工程车随处可见。如图 1—2—1 所示为一辆工程运输车运输泥沙、倾倒泥沙时的工作示意图。该工程车的翻斗的倾倒运动是通过车辆上的液压传动系统进行驱动的。试分析该液压系统的工作原理、基本组成及各组成部分的作用。

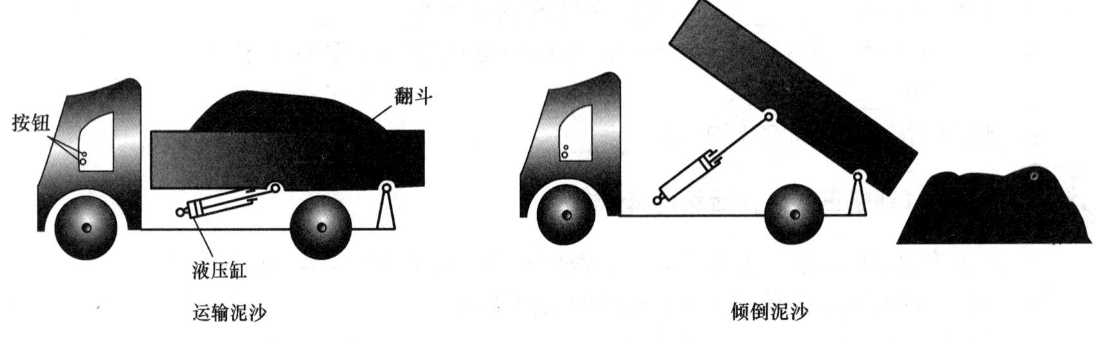

图 1—2—1　工程运输车的运输和倾倒动作

第二章　液压传动动力元件和执行元件

§2—1　液压传动动力元件

填空题（请将正确答案填在横线处）

1. 虽然图 2—1—1 所示液压泵的外形不同，但是它们在液压系统中的功能相同，即它们是将电动机（或其他原动机）输出的__________转换为__________的______________装置。

图 2—1—1　液压泵

2. 医生在为病人打针时，需要先将药水吸入针筒，再通过针筒里的活塞推动将吸入的药水压出，完成注射工作。针筒吸药水和注射药水的过程是靠医生拉和推动针筒里的活塞，使密封的针筒产生容积的变化来实现的，如图 2—1—2 所示。同理，在液压系统中，容积泵是利用________________的变化来实现________________的液压泵。

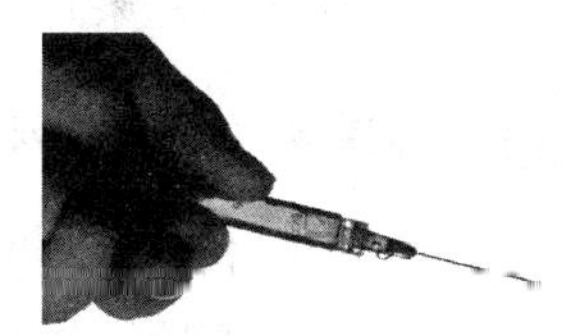

图 2—1—2　针筒抽吸药水

3. 内啮合齿轮泵有__________齿形和____________齿形两种。

4. 液压泵正常工作的必备条件是应具备能交替变化的____________，应有__________，吸油过程中，油箱必须和______相通。

5. 输出流量不能调节的液压泵称为____泵，可调节的液压泵称为____泵。外啮合齿轮泵是________泵。

6. 液压泵实际工作时的输出压力称为________。它的大小取决于______的大小和排油管路上的压力损失，而与液压泵的____无关。

7. 按________工作方式不同，叶片泵分为________和________两种。图 2—1—3 所示为双作用叶片泵的工作原理示意图，图中各个数字标注的部件名称：1—____________2—__________3—__________4—__________5—__________。

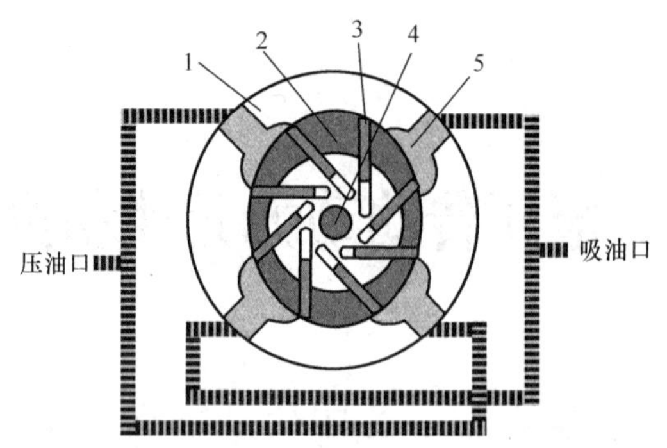

图 2—1—3　双作用叶片泵工作原理示意图

8. 单作用叶片泵每转一周，每个工作腔完成______吸油和______。

判断题（判断正误并在括号内填√或×）

1. 容积式液压泵输油量的大小取决于密封容积的大小。（　　）
2. 外啮合齿轮泵中，轮齿不断进入啮合的一侧油腔是吸油腔。（　　）
3. 单作用叶片泵的转子每回转 1 周，每个密封容积完成 2 次吸油和压油。（　　）
4. 驱动液压泵的电动机所需功率应比液压泵的输出功率大。（　　）
5. 液压泵的额定压力即为液压泵的工作压力。（　　）
6. 双作用叶片泵的转子每回转 1 周，每个密封容积完成 2 次吸油和压油。（　　）
7. 如果泵的代号为 CB-B-25，其含义为叶片式液压泵，压力等级为 2.5 MPa。（　　）
8. 单作用叶片泵可做成变量泵，双作用叶片泵只能是定量泵。（　　）
9. 单作用叶片泵改变偏心距 e 的方向，就可以改变进、出油口的方向。（　　）
10. 双作用叶片泵定子的内表面是圆柱形。（　　）

选择题（请在下列选项中选择正确答案并填在括号中）

1. 外啮合齿轮泵的特点是（　　）。

   A. 结构紧凑，流量调节方便

   B. 价格低廉，工作可靠，自吸性能好

   C. 噪声小，输油量均匀

2. 液压系统中液压泵属于（　　）。

   A. 动力部分　　B. 执行部分　　C. 控制部分

3. 外啮合齿轮泵一般适用于（　　）。

   A. 低压　　B. 中压　　C. 高压

4. 液压泵的工作压力决定于（　　）。

   A. 流量　　B. 负荷　　C. 流速

5. 不能成为双向变量液压泵的是（　　）。

   A. 双作用叶片泵　　B. 单作用叶片泵　　C. 轴向柱塞泵

6. 双作用叶片泵的转子每转 1 转，每个密封容积完成吸、压油（　　）次。

   A. 1　　B. 2　　C. 3

7. 某液压系统中，液压泵的额定压力为 2.5 MPa，则该系统的工作压力应（　　）2.5 MPa。

A. 大于　　B. 小于　　C. 等于

8. 已接入系统的 CB 型齿轮泵转向反了，系统将会产生（　　）现象。

A. 没有压力　　B. 压力过高　　C. 执行元件爬行

思考题

容积式液压泵为什么能吸油？如果油箱完全密封，不与大气连通，将会出现什么情况？

§2—2　液压传动执行元件

填空题（请将正确答案填在横线处）

1. 液压缸是液压传动系统中的重要元件，如图 2—2—1 所示，它是将________转换为________的能量转换装置，一般用来实现________________。

2. 按结构形式分类，液压缸可分为________、________、伸缩套筒缸以及______________。

3. 图 2—2—2 所示的 2 个液压缸中，A 缸的活塞有效作用面积小于 B 缸的活塞有效作用面积。当同样大小的压力油进入两个液压缸时，液压缸产生的推力 F_1________ F_2。（请在空白处填写“>”“<”或“=”）

4. 图 2—2—3 所示为液压缸的两种不同连接方式，图 2—2—3a 所示为 _________ 连接，图 2—2—3b 为 ____________ 连接，图 2—2—3b 的液压缸又称为____________。

图 2—2—1　液压缸

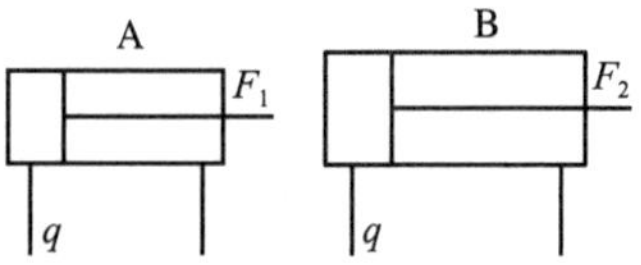

图 2—2—2　不同有效作用面积的液压缸

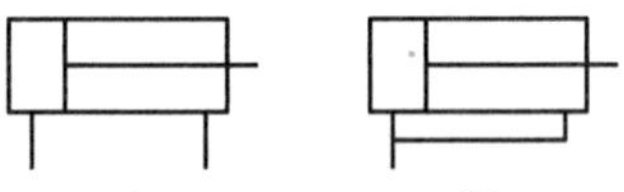

图 2—2—3　液压缸的连接

5. 液压元件的密封形式有________________、________________、________________和________________。

6. 为了防止液压元件在工作过程中____________的渗漏，对______造成污染，液压元件需要有______装置。

判断题（判断正误并在括号内填√或×）

1. 往复两个方向的运动均通过压力油作用实现的液压缸称为双作用缸。（　）

2. 双作用单活塞杆液压缸的活塞，两个方向所获得的推力不相等，工作台慢速运动时，活塞获得的推力小；工作台快速运动时，活塞获得的推力大。（　）

3. 差动液压缸往返速度相等的条件是活塞面积为活塞杆面积的 2 倍。（　）

4. 液压缸中的压力越大，所产生的推力也就越大，活塞运动速度也就越快。（　）

5. 在流量相同的情况下，液压缸直径越大，活塞运动速度越快。（　）

6. 在液压传动系统中，为了使机床工作台的往复速度相同，采用双出杆活塞液压缸。（　）

选择题（请在下列选项中选择正确答案并填在括号中）

1. 当液压缸截面积一定时，液压缸的运动速度决定于进入液压缸液体的（　　）。

A. 压力　　B. 流量　　C. 流速

2. 双作用单活塞杆液压缸（　　）。

A. 活塞两个方向的作用力相等

B. 往复运动的范围约为有效行程的 3 倍

C. 常用于实现机床的工作进给和快速退回

3. 欲使差动连接的单活塞杆液压缸活塞的往复运动速度相同，必须满足的条件是（　　）。

A. 活塞直径为活塞杆直径的 2 倍

B. 活塞直径为活塞杆直径的$\sqrt{2}$倍

C. 活塞有效作用面积为活塞杆面积的$\sqrt{2}$倍

4. 液压缸差动连接工作时，液压缸的运动速度（　　）。

A. 增加了　　B. 降低了　　C. 不变

5. 在某一液压设备中需要一个完成很长工作行程的液压缸，宜采用（　　）。

A. 单活塞杆液压缸　　B. 双活塞杆液压缸　　C. 伸缩式液压缸

6. 单出杆活塞液压缸作为差动液压缸使用时，若使其往复运动速度相等，其活塞面积应为活塞杆面积的（　　）倍。

A. $\sqrt{2}$　　B. $\sqrt{3}$　　C. 2

7. 当活塞的有效作用面积一定时，活塞的速度取决于（　　）的大小。

A. 压力　　B. 流量　　C. 负荷

8. 当液压缸的结构不变时，其运动速度与外负荷的大小（　　）。

A. 成正比　　B. 成反比　　C. 无关

9. 当单出杆活塞液压缸的无杆腔进油时，由于工作面积大，所以输出（　　）也大。

A. 推力　　B. 压力　　C. 速度

10. 图 2—2—4 中的密封方式是（　　）。

A. 间隙密封　　B. V 形圈密封

C. O 形圈密封　　D. 摩擦环密封

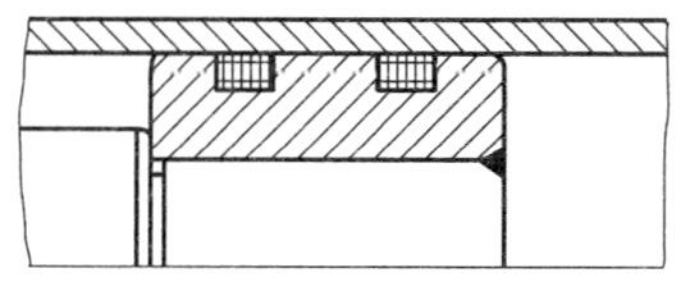

图 2—2—4　密封形式

计算题

图 2—2—5 所示液压系统中两缸并联。已知活塞 A 重 8 000 N，活塞 B 重 4 000 N，两缸无杆腔活塞面积均为 100 cm^2，泵输出流量为 5 L/min。试分析两缸上行时是否同时运动？计算两缸活塞上行时的运动速度和液压泵的工作压力。

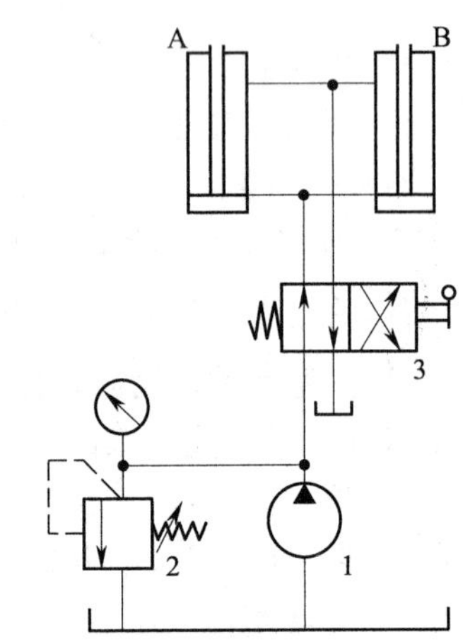

图 2—2—5　两缸并联的液压系统

1—液压泵　2—溢流阀　3—换向阀

第三章　液压传动控制元件与基本回路

§3—1　方向控制阀与方向控制回路

填空题（请将正确答案填在横线处）

1. 换向阀的作用是利用＿＿＿＿＿＿＿＿＿＿的改变，来控制＿＿＿＿＿＿＿＿＿，接通或关闭＿＿＿，从而改变液压系统的工作状态。当换向阀处于图 3—1—1a 所示位置时，A 口与 P 口＿＿＿，当处于图 3—1—1b 所示位置时，A 口与 P 口＿＿＿＿。

2. 方向控制回路是利用各种方向阀来控制液流的＿＿＿＿和＿＿＿＿，以使执行元件启动、＿＿＿或＿＿＿。图 3—1—2 中，当扳动换向阀时，液压缸活塞将＿＿＿＿＿＿。

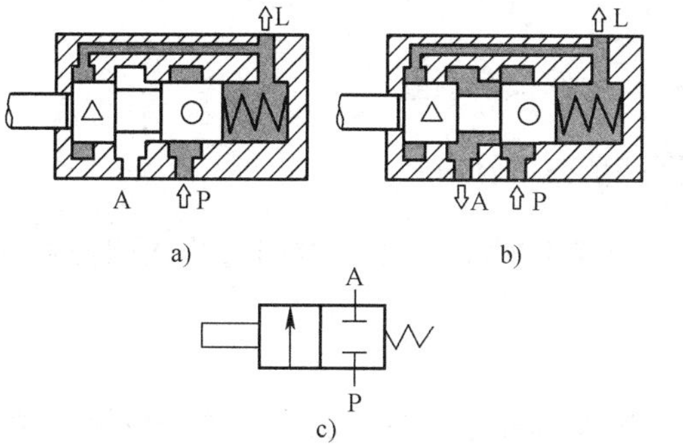

图 3—1—1　换向阀

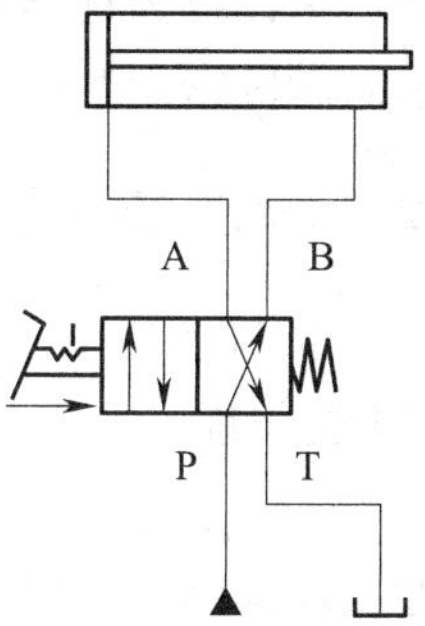

图 3—1—2　方向控制回路

3. 图 3—1—3 所示的换向阀图形符号表示该换向阀的工作位置数为＿＿＿＿，油口数为＿＿＿＿＿＿，操纵方式为＿＿＿＿＿＿，复位方式为＿＿＿＿＿＿，在图示位置时，P 口与 T 口＿＿＿＿＿，A 口与 B 口＿＿＿＿＿。

4. 三位换向阀中位时的油口连接关系称为中位机能。图 3—1—4 是不同中位机能的换向阀。其中，图 3—1—4a 为＿＿＿，图 3—1—4b 为＿＿＿，图 3—1—4c 为＿＿＿＿。

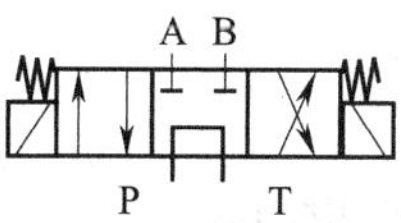

图 3—1—3　换向阀图形符号

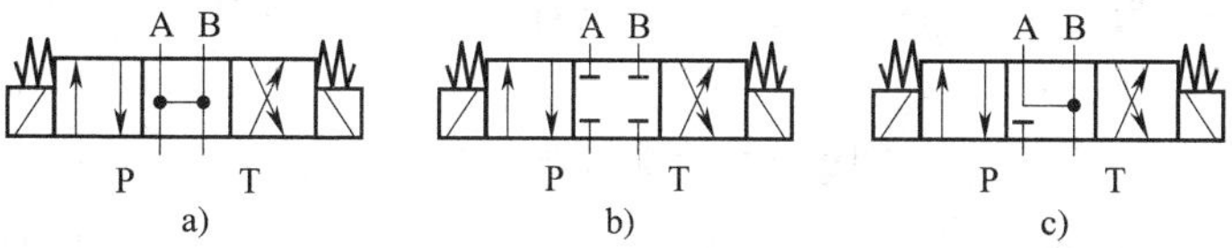

图 3—1—4　换向阀中位机能

5. 换向阀的操纵方式有＿＿＿、＿＿＿、＿＿＿、＿＿＿、＿＿＿＿、＿＿＿＿等。

6. 换向阀的图形符号中用______表示阀的工作位置，箭头表示油路处于的________。

7. 换向阀按阀的结构形式可分为________、______、________、锥阀式。

8. 单向阀主要有两种，图 3—1—5 所示为两种不同单向阀的图形符号，图 3—1—5a 表示的是__________，图 3—1—5b 表示的是______________。

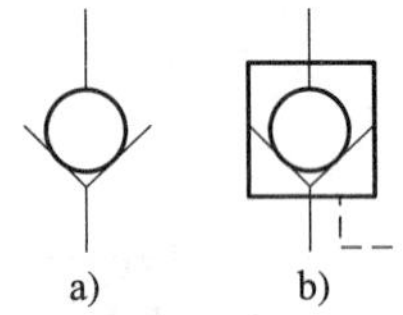

a)　　b)

图 3—1—5　单向阀

判断题（判断正误并在括号内填√或×）

1. 三位五通阀有 3 个工作位置、5 个通路。（　　）
2. 闭锁回路属于方向控制回路，可采用滑阀机能为 O 型或 M 型连接的阀来实现。（　　）
3. 所有的换向阀均可用于控制换向回路。（　　）
4. 在换向阀的图形符号中，方框内符号“┴”表示该通路不通。（　　）
5. 一般阀与系统供油路连接的进油口用字母 T 表示。（　　）
6. 常闭式二位二通换向阀是指在常态下油路是通的。（　　）
7. 单向阀的作用是控制油液的流动方向，接通或关闭油路。（　　）
8. 液控单向阀也可以作为保压阀来使用。（　　）
9. 由于液控单向阀的密封性好，可以使执行元件长期锁紧。（　　）

选择题（请在下列选项中选择正确答案并填在括号中）

1. 在用一个液压泵驱动一个执行元件的液压系统中，采用三位四通换向阀使泵卸荷，应选用（　　）型中位机能。

A. M　　B. Y　　C. P

2. 用三位四通换向阀组成的卸荷回路，要求液压缸停止时两腔不通油，该换向阀中位机能应选取（　　）型。

A. M　　B. Y　　C. P

3. 当三位四通换向阀在中位时，要求工作台用手摇，液压泵可卸荷，则换向阀应选用滑阀机能为（　　）型。

A. P　　B. Y　　C. H

4. 当三位四通换向阀处于中位时，（　　）型中位机能可实现液压缸的锁紧。

A. O　　B. H　　C. Y

5. 当三位四通换向阀处于中位时，（　　）型中位机能可实现液压缸的差动连接。

A. O　　B. Y　　C. P

6. 以下各阀中不属于方向控制阀的是（　　）。

A. 液动换向阀　　B. 液控单向阀

C. 液控顺序阀　　D. 普通单向阀

7. 下面不属于液控单向阀的功能的是（　　）。

A. 使油路长时间保压　　B. 作为充油阀使用　　C. 组合成单向顺序阀

思考题

图 3—1—6 所示为有液控单向阀的换向回路。液控单向阀在回路中主要起平衡作用，防止活塞在下行过程中由于活塞自重原因造成下行时不稳定。液控单向阀是如何实现上述功能的？该回路又是怎样实现活塞上行和下行的？

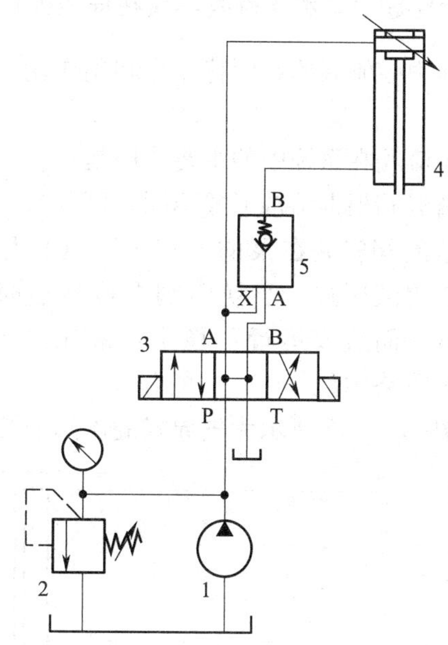

图 3—1—6　有液控单向阀的换向回路

1—液压泵　2—直动型溢流阀　3—三位四通 H 型电磁换向阀

4—双作用液压缸　5—液控单向阀

§3—2　压力控制阀与压力控制回路

填空题（请将正确答案填在横线处）

1. 压力控制阀的共同特点是利用作用于阀芯上的________和________相平衡的原理进行工作。

2. 溢流阀在系统中的主要作用是________和________。

3. 溢流阀根据结构形式不同，可分为________和________两种。

4. 溢流阀安装在泵的出口处，其作用是________和________。如图 3—2—1 所示竖直安装的液压缸，当换向阀左位接通时，活塞下行。为防止因较重的活塞在下行时自动往下落而造成运行不稳定，液压缸的回油口与油箱间安装了一个溢流阀。此时，溢流阀在回路中起________的作用。

5. 图 3—2—2 所示为先导式溢流阀的结构示意图，1 是________阀，2 是________阀。

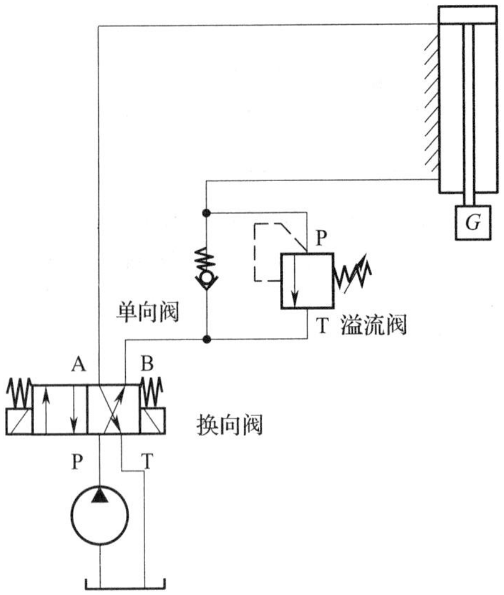

图 3—2—1　溢流阀的应用

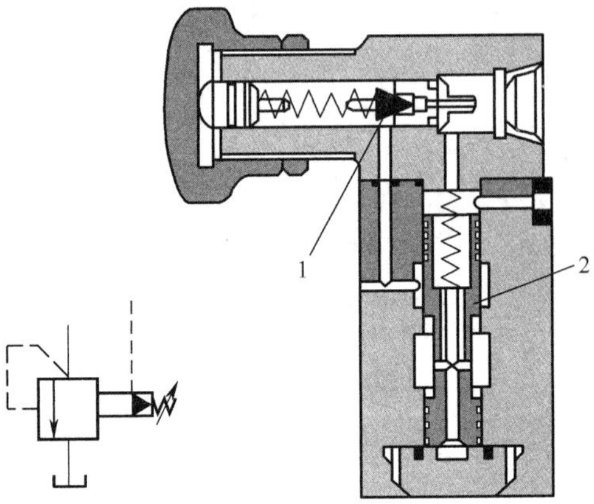

图 3—2—2　先导式溢流阀

6. 在液压系统中控制工作液体压力的阀称为__________，简称压力阀。常用的压力阀有________阀、________阀和溢流阀等。

7. 根据减压阀所控制的压力不同，它可分为__________、__________和______________。

8. 顺序阀是把______作为控制信号，自动______或______某一油路，以控制执行元件做顺序动作的压力阀。

9. 为了使减压回路工作可靠，减压阀的最低调整压力不应小于______MPa，最高调整压力至少应比系统压力小______MPa。

10. 图 3—2—3 所示为增压缸与增压器，主要用于______回路中提高________。

11. 当泵的输出压力是高压而局部回路或________要求低压时，一般是在所需低压的回路上

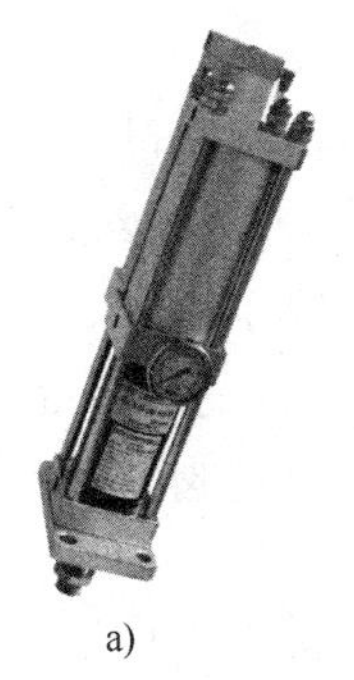

a)

b)

图 3—2—3　增压缸与增压器

a）增压缸　b）增压器

____接减压阀。

判断题（判断正误并在括号内填√或×）

1. 溢流阀通常接在液压泵出口处的油路上，它的进口压力即系统压力。（　）

2. 当溢流阀用做系统的限压保护、防止过载的安全阀时，在系统正常工作时，该阀处于常闭状态。（　）

3. 在系统进油路上接上溢流阀，造成进油阻力，形成背压，可改善执行元件的运动平稳性。（　）

4. 直动式溢流阀一般用于低压小流量。（　）

5. 当溢流阀安装在泵的出口处，起过载保护作用时，其阀芯是常开的。（　）

6. 在液压传动系统中，为了使机床工作台的往复速度相同，采用双出杆活塞式液压缸。（　）

7. 调压回路所采用的核心元件是溢流阀。（　）

8. 减压回路所采用的核心元件是减压阀和溢流阀。（　）

9. 直控顺序阀与液控顺序阀的主要差别在于直控顺序阀阀芯的下部有一个控制油口。（　）

选择题（请在下列选项中选择正确答案并填在括号中）

1. 溢流阀（　）。

A. 常态下阀口常开

B. 阀芯随系统压力的变动而移动

C. 可以连接在液压缸的回油油路上作为背压阀使用

2. 在液压系统中可用于安全保护的控制阀有（　）。

A. 单向阀　　B. 换向阀　　C. 溢流阀

3. 先导式溢流阀的主阀芯起（　）作用。

A. 调压　　B. 稳压　　C. 溢流

4. 防止系统过载起安全作用的是（　）。

A. 减压阀　　B. 顺序阀　　C. 安全阀

5. 溢流阀与变量泵并联，此时溢流阀的作用是（　　）。

A. 稳压溢流　　B. 防止过载　　C. 控制流量

6. 当溢流阀起安全作用时，溢流阀的调定压力（　　）系统的工作压力。

A. 大于　　B. 小于　　C. 等于

7. 溢流阀起稳压、安全作用时，一般安装在（　　）的出口处。

A. 液压泵　　B. 换向阀　　C. 节流阀

8. 减压阀控制的是（　　）压力。

A. 进口　　B. 出口　　C. 进、出口

9. 关于液控顺序阀说法正确的是（　　）。

A. 初始状态下进、出油口是相通的

B. 工作时进、出油口是相通的

C. 出口压力是恒定的

思考题

1. 图 3—2—4 所示的夹紧回路中，溢流阀调整压力 $p_y=50\times10^5\,\text{Pa}$，减压阀调整压力 $p_j=20\times10^5\,\text{Pa}$。

试分析下列情况并说明减压阀阀芯处于什么状态：

（1）当泵压力为 $50\times10^5\,\text{Pa}$ 时，夹紧液压缸使工件夹紧后，p_A、p_B、p_C 各为多少？

（2）由于其工作液压缸快进，当泵压力降至 $p_B=15\times10^5\,\text{Pa}$ 时（原工件处于夹紧状态），p_A、p_B、p_C 各为多少？

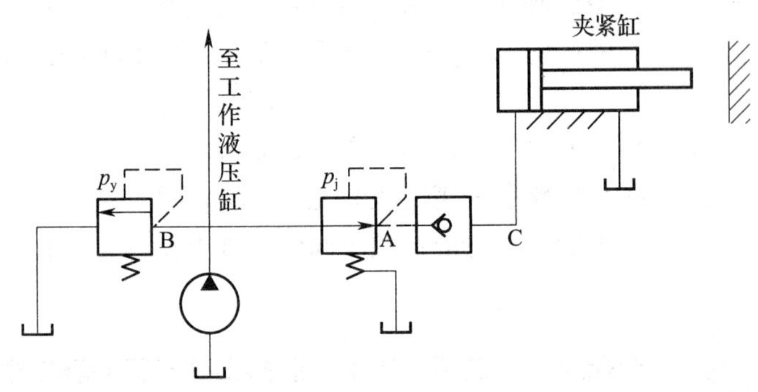

图 3—2—4　夹紧回路

2. 如图 3—2—5 所示，若溢流阀的调整压力为 5 MPa，判断在 YA 断电，负载无穷大或负载压力为 3 MPa 时，系统的压力分别为多少？当 YA 通电，负载压力为 3 MPa 时，系统的压力又是多少？

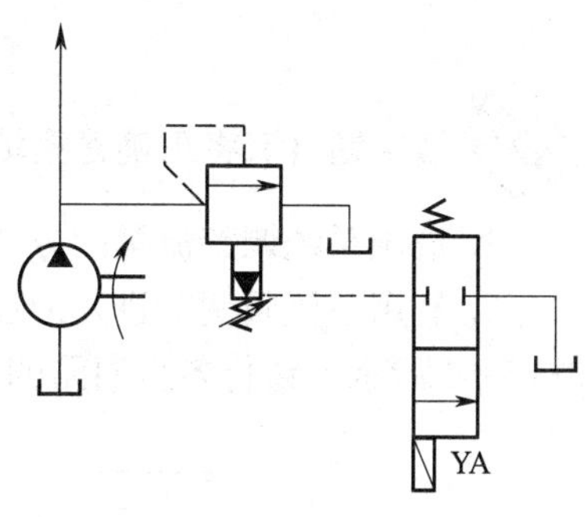

图 3—2—5　溢流阀的回路

§3—3 流量控制阀与速度控制回路

填空题（请将正确答案填在横线处）

1. 液压系统调整流量的方法有______、______及___________。

2. 利用节流阀调节进入液压缸的压力油流量，从而控制液压缸运行速度的方法，如图3—3—1 所示。请将各自回路的名称填入空格处。

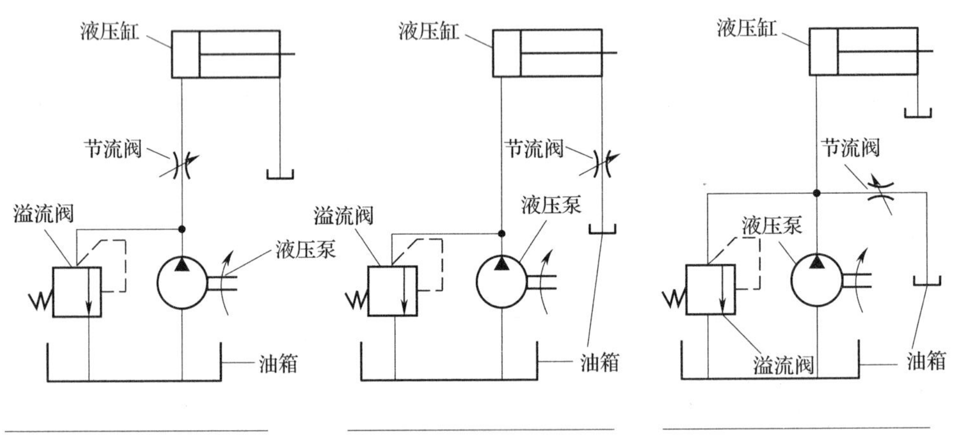

图 3—3—1 节流阀调速

3. 当液压系统工作负荷小，运动平稳性要求不高时，调速回路常采用___________；当液压系统工作时负荷变化较大，输出功率不大，运动平稳性要求较高时，调速回路可采用___________；当负荷变化大，液压缸运行速度要求稳定时，应采用___________。

4. 速度换接回路用来实现运动速度的变换，对这种回路的要求是速度换接______，即不允许在速度变换的过程中有______现象。

5. 两个调速阀串联的速度换接回路中，油液需经两个___________，故___________较大，系统_______也较大。

判断题（判断正误并在括号内填√或×）

1. 两个调速阀并联的调速回路在速度换接瞬间容易出现部件突然前冲的现象。（　　）

2. 回油节流调速回路与进油节流调速回路的调速特性相同。（　　）

3. 节流阀进、出油口存在压力差。（　　）

4. 进油节流调速回路停止后的启动冲击大。（　　）

5. 速度换接回路要求速度换接平稳，在速度换接的过程中没有前冲的过程。（　　）

6. 用节流阀代替调速阀，可使节流阀调速回路活塞运动速度不随负荷变化而变化。（　　）

7. 调速阀可以设计成先减压后节流的结构，也可以是先节流后减压的结构。 (　　)

8. 节流调速回路功率损失大，一般适用于小功率的液压系统。 (　　)

选择题（请在下列选项中选择正确答案并填在括号中）

1. 有关回油节流调速回路说法正确的是（　　）。

   A. 调速特性与进油节流调速回路不同

   B. 经节流阀而发热的油液不容易散热

   C. 串联背压阀可提高运动平稳性

2. 有关容积节流调速回路说法正确的是（　　）。

   A. 主要由定量泵和调速阀组成

   B. 工作稳定，效率较高

   C. 在较低的速度下工作时，运动稳定性不好

3. 采用调速阀的调速回路，当节流口的通流面积一定时，通过调速阀的流量与外负荷(　　)。

   A. 无关　　B. 成正比　　C. 成反比

4. 调速阀工作原理最大的特点是（　　）。

   A. 调速阀进口和出口油液的压力差 Δp 保持不变

   B. 调速阀内节流阀进口和出口油液的压力差 Δp 保持不变

   C. 调速阀调节流量方便

思考题

试利用下列液压元件，拟定能实现“快进、中速工进、慢速工进、快退、原位停止及泵卸荷”的液压系统。

液压元件包括：一个单出杆双作用活塞缸、一个单向定量泵、两个调速阀、两个单向阀、两个二位二通电磁换向阀、一个三位四通电磁换向阀（“M”型中位）、两个溢流阀、油箱及若干辅助元件（油管、过滤网等）。

第四章　液压传动系统分析与维护

§4—1　液压传动系统分析

思考题

1. 简述如何识读液压系统图。

2. 如图 4—1—1 所示为 YT4543 型液压滑台动作及液压系统回路图，要求：

（1）写出图中液压元件 1～8 的名称。

（2）说明滑台做快进动作时，系统中有关元件的工作过程及油路情况。

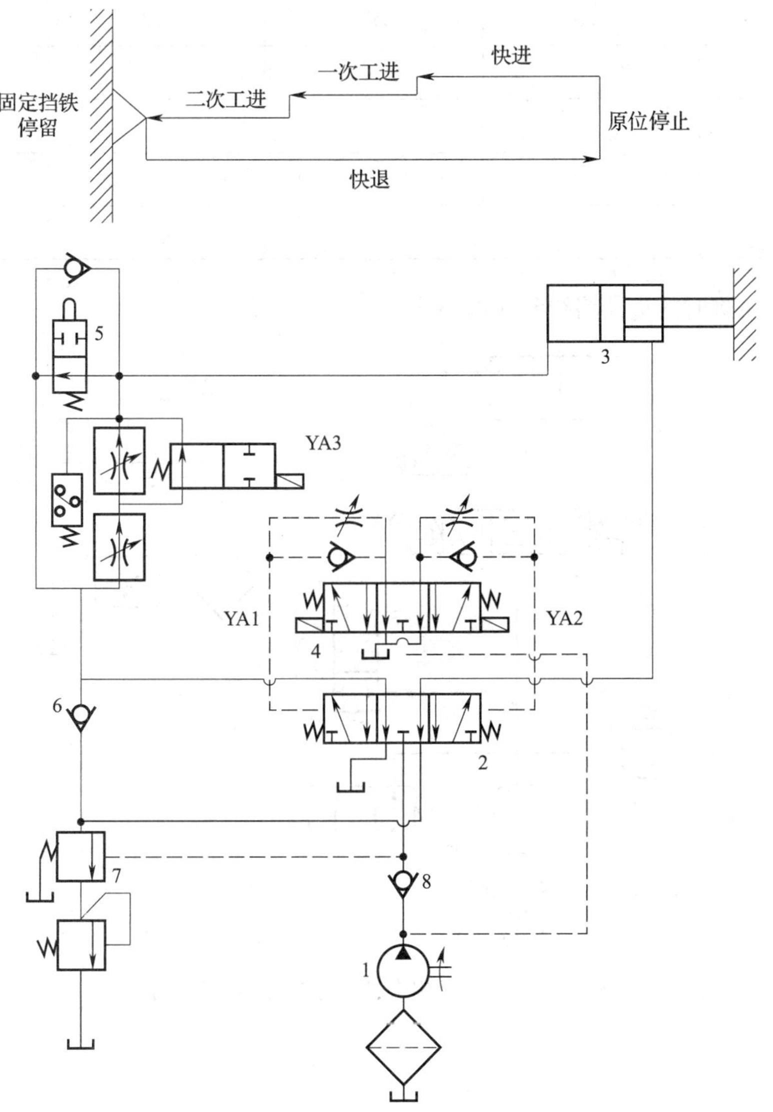

图 4—1—1　YT4543 型液压滑台动作及液压系统回路图

§4—2　液压传动系统维护

思考题

1. 图 4—2—1 所示为镗孔组合机床的液压系统回路图，试解答：

（1）说出序号为 3、4、7、10 的液压元件在系统中的作用。

（2）根据图 4—2—1 所示的工作循环要求，填写电磁铁的动作顺序表。

动作	1YA	2YA	3YA	4YA
快进				
工进				
快退				
停止				

（3）写出工进时的进油路线和回油路线。

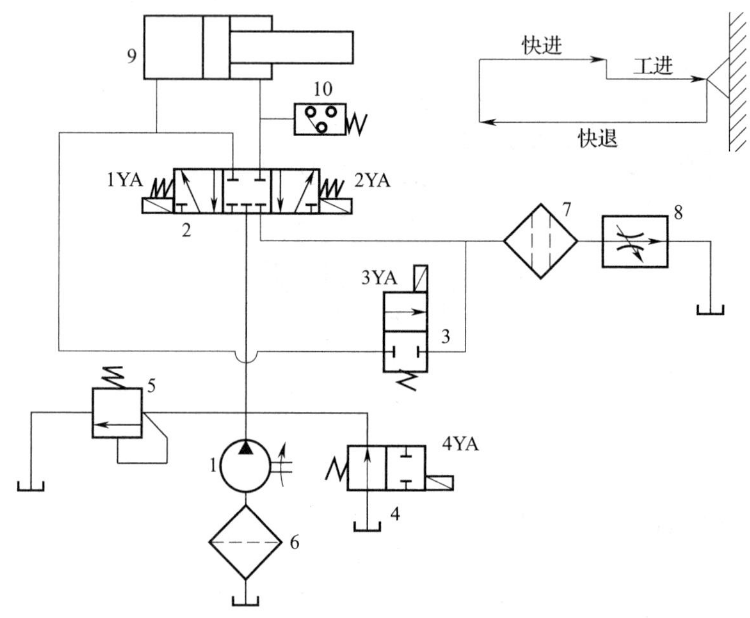

图 4—2—1　镗孔组合机床的液压系统回路图

2. 图 4—2—2 所示液压系统能实现“快进→工进→快退→停止卸荷”的自动控制要求。试分析：

（1）在不影响上述自动循环和系统性能的前提下，精简图中多余的液压元件。

（2）分析系统由哪些液压基本回路所构成。

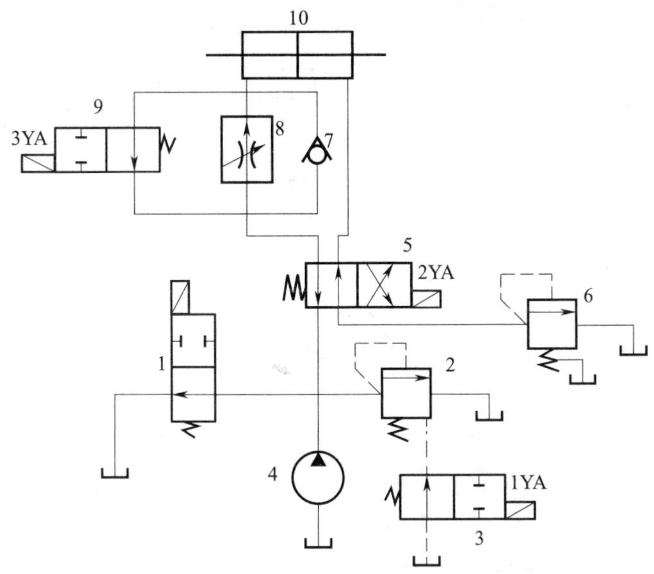

图 4—2—2　液压系统回路图

1、3、9—二位二通电磁换向阀　2—先导式溢流阀　4—液压泵　5—二位四通电磁换向阀　6—顺序阀　7—单向阀　8—调速阀　10—液压缸

3．图 4—2—3 所示为某零件加工自动线上的转位机械手液压系统回路图。机械手的动作顺序为手臂在上方原始位置→手臂下降→手指夹紧工件→手臂上升→手腕逆转 90°→手臂下降→手指松开→手臂上升→手腕顺转 90°→卸荷，停在上方。试阅读此图，填写电磁铁动作顺序表。

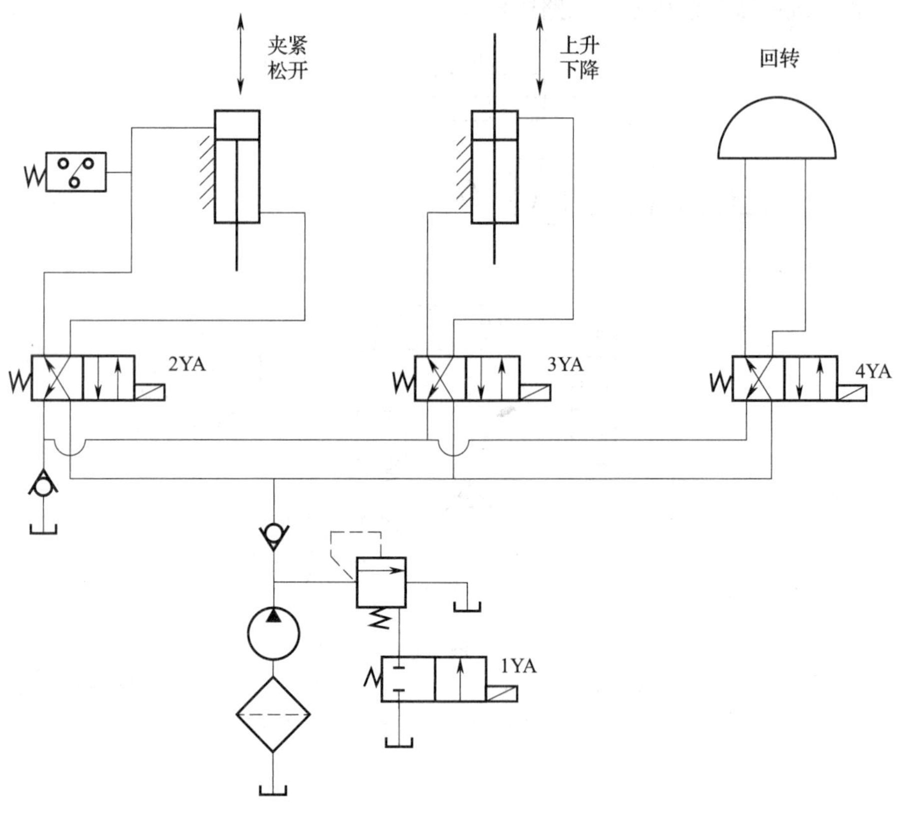

图 4—2—3　转位机械手液压系统回路图

动作	1YA	2YA	3YA	4YA
机械手原位				
手臂下降				
手指夹紧工件				
手臂上升				
手腕逆转				
手臂下降				
手指松开				
手臂上升				
手腕顺转				
卸荷				

第五章　气压传动基础知识

§5—1　气压传动概述

填空题（请将正确答案填在横线处）

1. 气压传动与控制技术是以________为工作介质，进行________或________的控制技术，简称气压传动技术。

2. 图5—1—1所示的气动系统中，气缸是系统中的______元件，换向阀与按钮是系统中的________元件，空气压缩机和三联件是系统中的________装置，而用来连接各个元件的管路是系统中的__________元件。

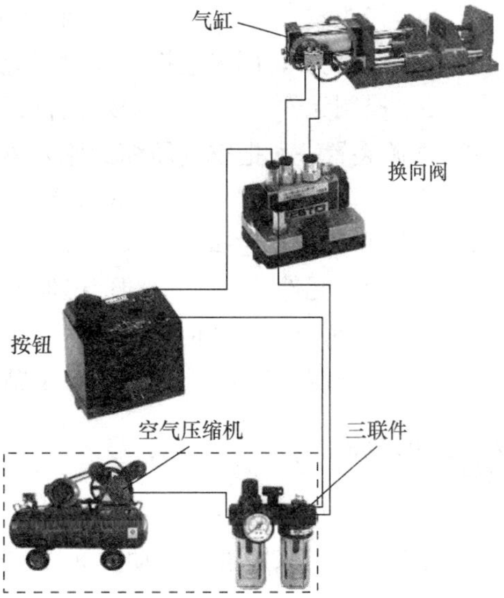

3. 气压传动与液压传动有很多相似的地方，它们都是依靠________来传递__________。液压系统依靠的是________，而气压系统依靠的是________。

4. 气源装置是将空气压缩到原来体积的1/7左右形成压缩空气，再经过一系列的净化处理后，向系统提供____、____的压缩空气，常用元件有______、______和______等。

气缸
换向阀
按钮
空气压缩机
三联件

图5—1—1　气动系统的组成

5. 气动执行元件利用________传递能量或动力从而实现不同的动作，来驱动不同的机械装置。其中，气缸可以实现____________运动，__________可以实现旋转运动，摆动缸可以实现________等。

6. ____________、____________和__________构成了气动系统的控制元件，其中，末级主控元件主要用来控制执行元件的__________，信号处理元件及控制元件主要控制执行元件的________、________、顺序、________及系统压力等。

7. 气压传动控制技术基于液压控制技术，但它的控制理念又是采用电子控制理念，其各组成部分的关系及层次为______、______、______、______。

1	2	3	4
信号输入	信号执行	信号输出	信号处理

判断题（判断正误，并在括号内填√或×）

1. 气压传动工作介质是压缩空气，空气到处都有，用量不受限制，排气处理简单，但污染环境。（　　）
2. 压缩空气为快速流动的工作介质，故可获得较高的工作速度，且定位准确。（　　）
3. 气压传动系统的工作介质是空气，速度反应较快，产生的推力中等，传递信号比较容易，易于实现中距离控制。（　　）
4. 气压传动系统结构简单，制造方便，维护简便。（　　）
5. 气压传动的输出压力比液压传动要小。（　　）
6. 气压传动系统的执行元件是推动外负荷做功的元器件，实现将机械能向压力能的转换。（　　）

选择题（请在下列选项中选择正确答案并填在括号中）

1. 气动系统中，用来将机械能转换成压力能，向系统提供动力的装置是（　　）。
   A. 气源装置　　B. 辅助元件　　C. 执行元件
2. 气动系统中，用来连接以及对系统进行消音、冷却、测量等的元件被称为（　　）。
   A. 控制元件　　B. 执行元件　　C. 辅助元件
3. 气源装置一般把空气压缩到原来体积的（　　）左右形成压缩空气。
   A. 1/7　　B. 1/8　　C. 1/9
4. 气缸和气动马达属于（　　）。
   A. 动力元件　　B. 控制元件　　C. 执行元件
5. 气动控制技术与其他控制技术相比，其特点是（　　）。
   A. 承载能力大　　B. 定位精度高　　C. 速度快

思考题

图 5—1—2 所示为一条自动生产线，该生产线要求工作效率高、无污染，传动系统采用了气动传动而没有采用液压传动，你知道这是为什么吗？

图 5—1—2　自动生产线

§5—2 气源装置

填空题（请将正确答案填在横线处）

1. 图5—2—1所示的气源调节装置是由1—______、2—______和3—______三部分组成的，被称为三联件。

2. 在三联件中，过滤器用于从压缩空气中进一步除去________和____________________等；减压阀用于将进气压力调节至系统所需的压力，起到________、________的作用；油雾器可以把油滴喷射到压缩空气中，带油雾的压缩空气进入到气压传动系统中，对气压传动元器件进行________。

3. 空气压缩机按压力分为________、________和高压型，按工作原理分为________和________。

4. 在实际应用中，为使气源质量满足气动元件的要求，常在气动系统前面安装______________。

图5—2—1　气源调节装置

5. 通过缩小气体的体积来提高气体压力的空压机称为________空气压缩机。通过提高气体的速度让动能转化成压力能来提高气体压力的空压机称为____________空气压缩机。

6. 向气压传动系统的各个设备提供干净、干燥的压缩空气的装置被称为气源装置，气源装置一般由4个部分组成：_______________，______________________________________，传输压缩空气的管道系统，气压传动三大件。

判断题（判断正误，并在括号内填√或×）

1. 润滑油位需每天检查1次，确保空气压缩机的润滑正常。（　　）
2. 每隔30天清理或更换1次空气滤清器（滤芯为消耗品）。（　　）
3. 干燥器可以进一步去除压缩空气中的水、油和灰尘。（　　）
4. 空气压缩机是将压力能转化成机械能的装置。（　　）
5. 储气罐的放水阀应每天打开1次，排除油水；在湿气较重的地方，应该每隔4 h打开一次。（　　）
6. 随着科技的进步，一些气压传动元器件已不需要在压缩空气中加入油雾进行润滑，因此，气源调节装置只由过滤器和减压阀组成，被称为二联件。（　　）

选择题（请在下列选项中选择正确答案并填在括号中）

1. 在实际应用中，为使气源质量满足气动元件的要求，常在气动系统前面安装（　　）。

A. 过滤器　　B. 气源调节装置　　C. 调节器

2. 额定压力为5 MPa的空气压缩机属于（　　）。

A. 低压型　　B. 中压型　　C. 高压型

3. 一般的空气压缩机上都带有后冷却器、油水分离器和（　　），所以可以把一个空气压缩机视为一个气源。

A. 干燥器　　B. 过滤器　　C. 储气罐

4. 按工作原理分，膜片式空气压缩机属于（　　）。

A. 膜片式　　B. 旋转式　　C. 离心式

5. 后冷却器一般都安装在空气压缩机的（　　）管路上。

A. 进口　　B. 出口　　C. 进口或出口

思考题

如图 5—2—2 所示，生活中自行车是人们出行的工具。当自行车轮胎气不足时，用打气筒将空气压缩后直接打入自行车轮胎，使自行车轮胎重新获得足够的气压，从而使骑行时变得轻快。那么，在气动系统里能否像给自行车打气一样，直接使用被压缩后的空气呢？为什么？

图 5—2—2　自行车打气

第六章　气压传动控制元件与单缸控制回路

§6—1　方向控制阀与单缸直接控制回路

填空题（请将正确答案填在横线处）

1. 在气压传动系统里，方向控制阀是用来控制压缩空气所流过的路径，控制气流的________、________或________的气压传动元件。它包括换向阀、________、________、________、快速排气阀、截止阀等。

2. 换向阀在初始位置，压缩空气气流路径处于切断而不能流通的状态，这样的阀被称为__________；反之，被称为__________。

3. 方向控制阀也可以写成分数的形式，其中分母表示__________，分子表示____________________，方框内的直线表示压缩空气的__________，箭头表示__________，5/2 阀读作____________。

4. 在换向阀的图形符号中，绘有短线的方块代表__________，也就是阀芯的________或者系统中阀的初始位置。

5. 图 6—1—1 所示为一个方向控制阀的实物图，图中进气口是______，出气口是______，1 至 2 导通的控制口是______，1 至 4 导通的控制口是______，3 和 5 是________。

6. 气动控制换向阀是以__________为动力推动阀芯，使气路换向或通断的阀类，有________和________两种。

7. 图 6—1—2 为气动换向阀的图形符号，当该阀的 12 控制口进入压缩空气，而 14 控制口没有压缩空气进入时，则阀芯向______移动，此时压缩空气由进气口______进入，由出气口____流出。当控制口 12 和 14 都没有压缩空气进入时，则阀芯保持原通路状态______，此特性称为换向阀的________。

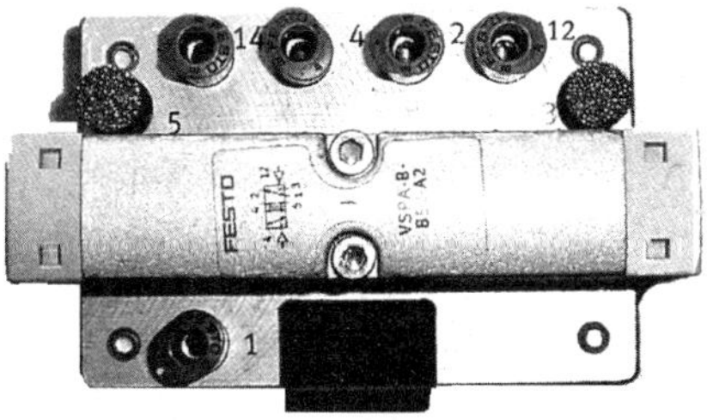

图 6—1—1　方向控制阀实物

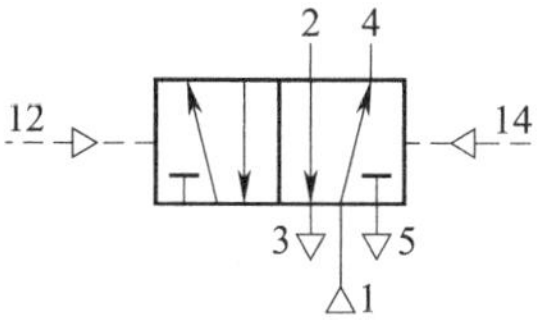

图 6—1—2　换向阀

8. 单缸控制回路中，只有____气缸，其核心控制元件是________，该核心元件又称为________。

9. 气压控制换向阀由于结构简单、紧凑、________，多用于组成全气阀控制的气压传动系统或______、______以及高净化的场合。

判断题（判断正误并在括号内填√或×）

1. 方向控制阀图形符号中方框内的直线表示压缩空气的流动路径，而箭头表示流动的方向。（　　）
2. 方向控制阀中，排气口常用 3 或 5 表示。（　　）
3. 在方向控制阀中使阀门关闭的接口常用数字 10 表示。（　　）
4. 在气动控制技术中，一般要求 1 个执行元件对应 1 个主控阀来控制运动方向。（　　）
5. 双电控电磁换向阀具有记忆特性。（　　）
6. 双控换向阀允许两边控制口同时有信号存在。（　　）
7. 在用字母表示方向控制阀时，一般用字母“Z”表示右位的控制口。（　　）
8. 间接控制法一般用于高速或大口径的控制气缸，易实现远程控制。（　　）

选择题（请在下列选项中选择正确答案并填在括号中）

1. 5/2 双气控换向阀的左位信号控制口用数字（　　）表示。

   A. 10　　B. 12　　C. 14

2. 3/2 常开型单气控换向阀的信号控制口用“10”表示，其表示含义是（　　）。

   A. 使阀门关闭　　B. 使 1 至 2 导通　　C. 使 1 至 4 导通

3. 方向控制阀的出气口可以用字母（　　）表示。

   A. P　　B. A　　C. Z

4. 气动方向控制阀中辅助控制管路用字母（　　）表示。

   A. P_R　　B. P_S　　C. P_Z

思考题

如图 6—1—3 所示，用两个按钮式换向阀控制气缸往返运动。试分析其回路工作原理并说明该回路采用了什么控制方式。

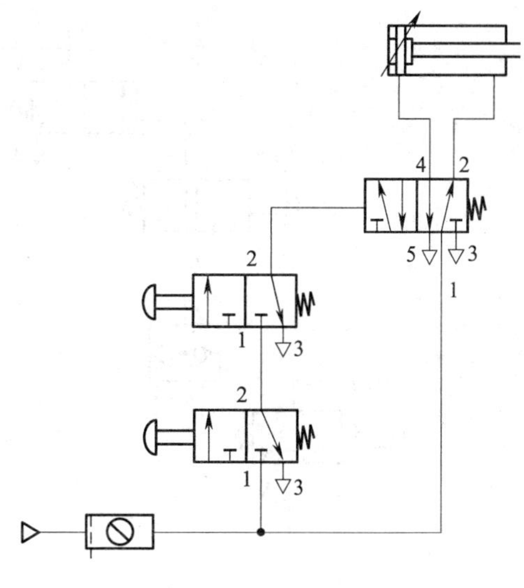

图 6—1—3　气缸控制回路

§ 6—2　行程开关、逻辑控制阀与单缸自动往复控制回路

填空题（请将正确答案填在横线处）

1. 按照行程阀的控制方式划分，行程阀可以分为________和________。

2. 梭阀相当于 2 个________组合的阀，有 2 个________、1 个________。

3. 梭阀具有一定的逻辑功能，即任何一端有信号________，就有信号________，所以它被称为________阀。

4. 在图 6—2—1a 所示气动回路图中，当按下启动按钮 ON 时，经或阀、停止按钮 OFF 位至 3/2 单气控阀左位气控口，使阀 3/2 单气控阀的进气口 1 与出气口 2 ____，当松开启动按钮 ON 时，其右位接入气路，2 口向 3 口排气，或阀右进气口由于 3/2 单气控换向阀 2 口有压缩空气输出，使回路在松开按钮的情况下，仍保持____状态，如图 6—2—1b 所示，此回路称为________。

5. 气压传动逻辑控制的基本逻辑功能有________、________、________和________。

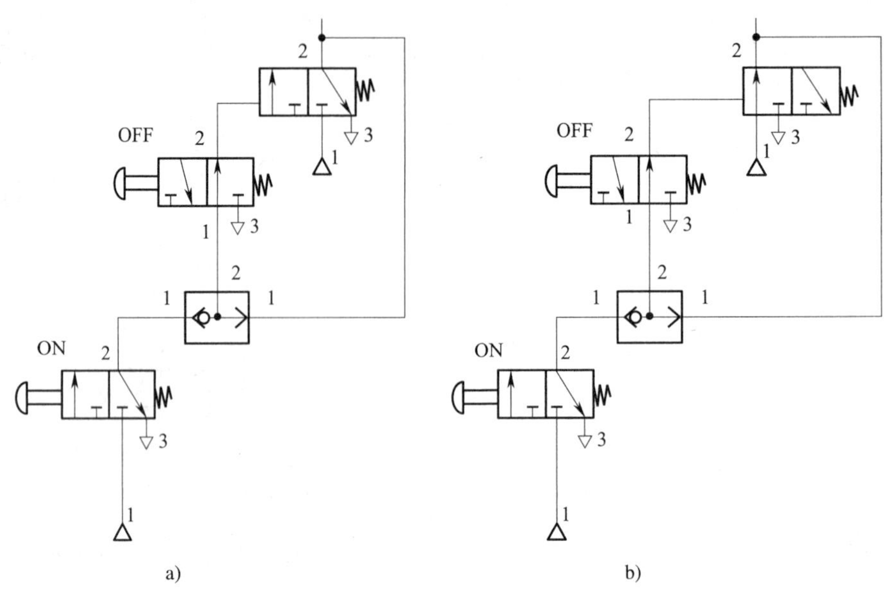

图 6—2—1 气动回路图

6. “或”阀的逻辑表达式为________，“与”阀的逻辑表达式为________。

7. “是”门元件是__________阀，“非”门元件是__________阀。

8. “非”门元件工作原理是当有控制信号输入时，________压缩空气输出；当没有控制信号输入时，________压缩空气输出。

判断题（判断正误并在括号内填√或×）

1. “或”门元件的逻辑功能是只有两个控制信号同时输入时，才有信号输出。 （ ）

2. “与”门元件的逻辑功能是只要有任何一个控制信号输入，就有信号输出。 （ ）

3. 在实际应用中，常用常开型 3/2 单气控换向阀来实现逻辑“是”的功能。 （ ）

4. 行程开关是一种将机械信号转换为气控信号，以控制运动部件位置或行程的自动控制器。 （ ）

5. 自锁模块是由二位三通常闭型按钮式换向阀、或阀、二位三通常开型按钮式换向阀和二位三通单气控换向阀依次连接而成。 （ ）

6. 切割机的系统回路中，是采用两个双向式行程阀来检测气缸活塞杆是否到位的，这属于行程检测的一种方式。 （ ）

7. 自锁模块中，当按下停止按钮，“是”门阀的信号控制口的压缩空气是通过“或”阀排出的。 （ ）

8. 逻辑元件抗污染能力强，对气源净化要求低，具有关断能力，耗气量小。 （ ）

选择题（请在下列选项中选择正确答案并填在括号中）

1. 回路中，（ ）用两个换向阀串联代替梭阀。

A. 能　　B. 不能　　C. 不确定

2. “或”门元件的逻辑表达式为（　　）。

A. Y＝A＋B　　B. Y＝A－B　　C. Y＝A·B

3. 如果“或”阀的两个进气口同时有压缩空气输入，而且压力不同，那么出气口输出的压力是（　　）。

A. 高压力　　B. 低压力　　C. 不确定

4. 下列换向阀中不具有“记忆”功能的是（　　）换向阀。

A. 二位五通双气控　　B. 二位五通单气控　　C. 二位五通双电控电磁

思考题

如图 6—2—2 所示，当按下按钮后气缸将如何运动？当气缸在运行中有突发状况，踩下踏板时，气缸又将如何运动？

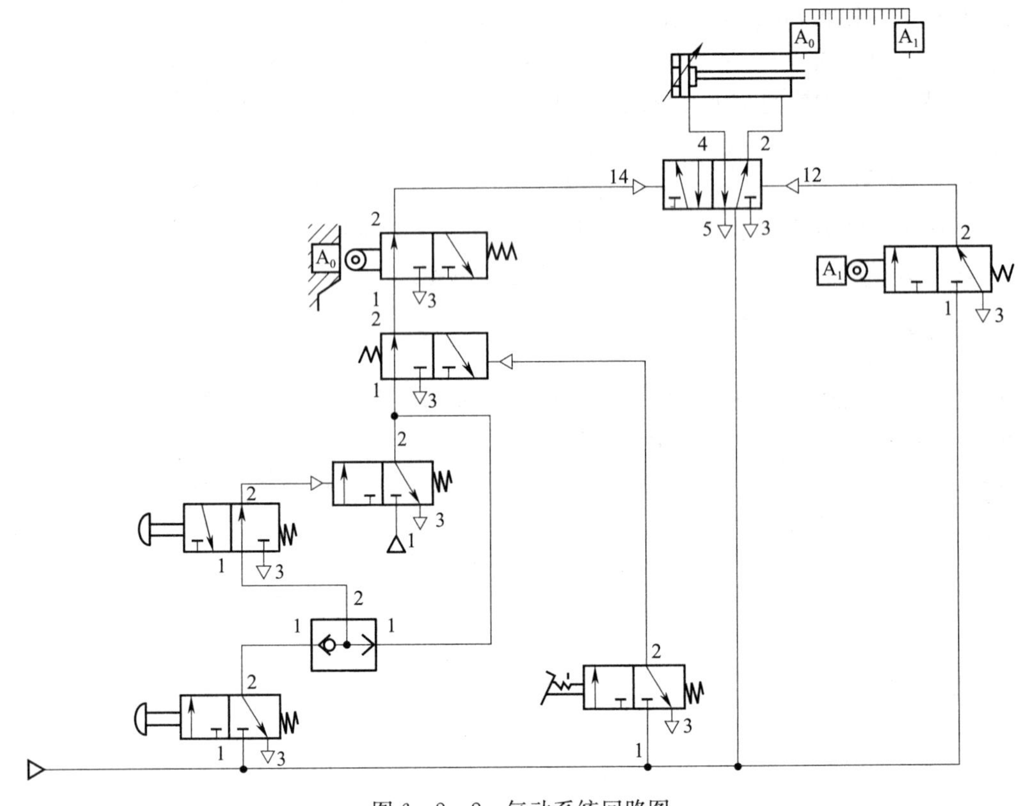

图 6—2—2　气动系统回路图

第七章 气压传动控制元件与双缸控制回路

§7—1 双缸行程控制回路

填空题（请将正确答案填在横线处）

1. 双气缸的行程控制，关键是要解决控制每一步动作的主控阀的________，以及主控阀的主控信号的________问题。

2. 执行元件用____________________表示，用下标“1”表示____________________，用下标“0”表示____________________。

3. 如图 7—1—1 所示回路图中，符号“F_A”表示________________，符号“B_1”表示________________。

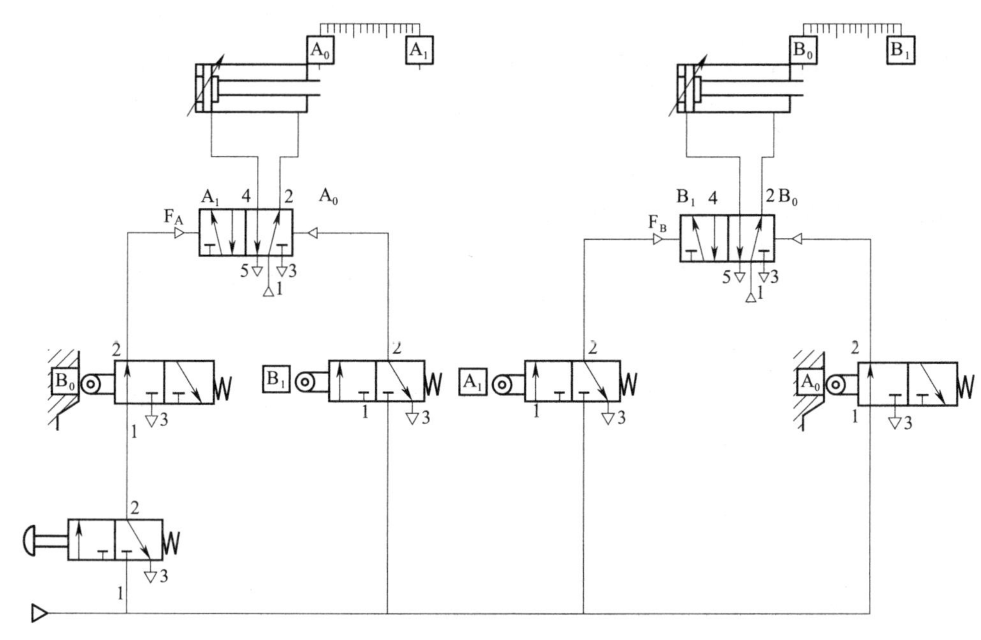

图 7—1—1 双气缸液压系统

4. 在回路图中，每一步动作触发的行程信号与其输出的信号________，如 A_1 动作完成触发的信号为________。

5. 图 7—1—2 所示，当活塞运行至 B_1 位置时，A 缸活塞杆缩回，可表示为________。当 A 缸活塞杆缩回，压下行程阀 A_0 时，B 缸活塞杆将________。该气动回路实现的双缸顺序动作用行程程序表达为________。

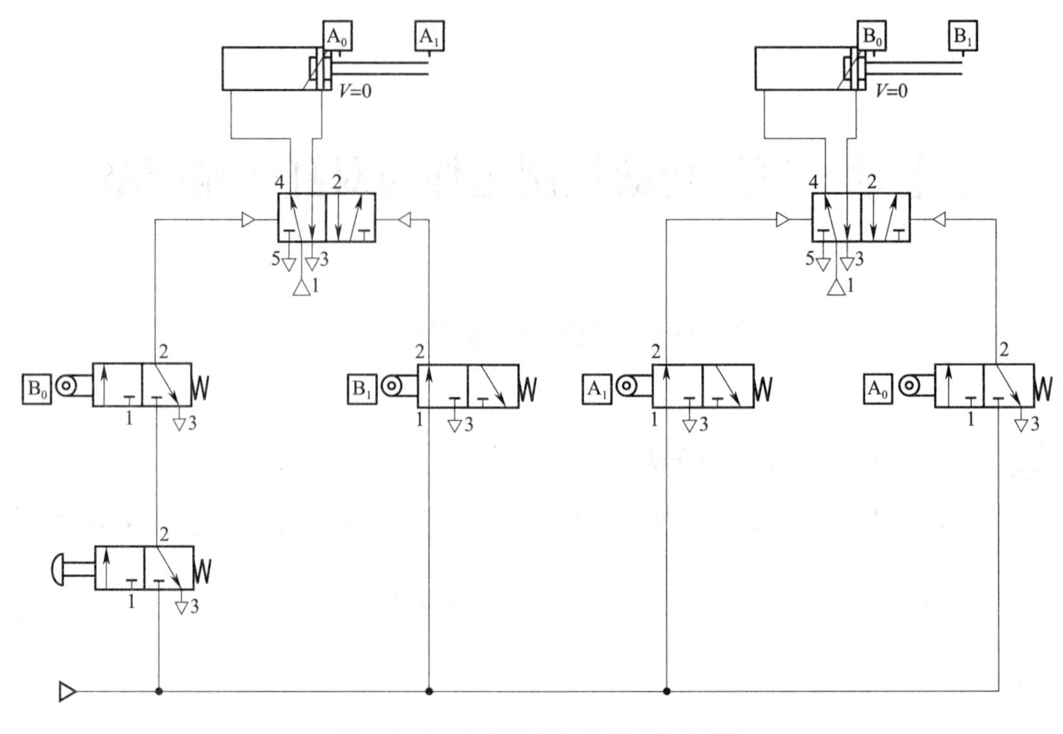

图 7—1—2　双气缸液压系统回路的动作

6. 用换向阀消除障碍信号的方法是通过将__________和__________串联，把________信号变成________信号，以消除障碍信号。根据__________的选取，消障的方法有______________和______________。

判断题（判断正误并在括号内填√或×）

1. 主控阀的输出信号与气缸的动作是一致的，如主控阀 F_A输出信号 A_1有信号，即表示A 缸活塞杆伸出。（　　）

2. 信号重叠现象在一些特殊的控制方法中是允许存在的。（　　）

3. 在系统中没有能直接用做消障信号 x 的原始信号，必须在系统中另加一个辅助阀 K，以得到消障信号 x，这种消障方法称为间接消障法。（　　）

4. 符号 $K_{x_0}^{x_1}$ 中 x_0 表示使障碍信号获得的控制信号，x_1 表示使障碍信号切断的控制信号。（　　）

5. 在回路图中，用小写字母表示执行元件。（　　）

6. 行程阀一般用做行程程序控制系统中的检测部分。（　　）

7. 用单向行程阀消除障碍信号的方法就是使长信号变为一个短信号。（　　）

8. 用单向行程阀进行消障时，必须把单向行程阀安装在活塞杆的终端位置。（　　）

思考题

1. 图 7—1—3 所示为半自动钻床气动控制回路，采用两个辅助阀 K 对障碍信号进行消障。

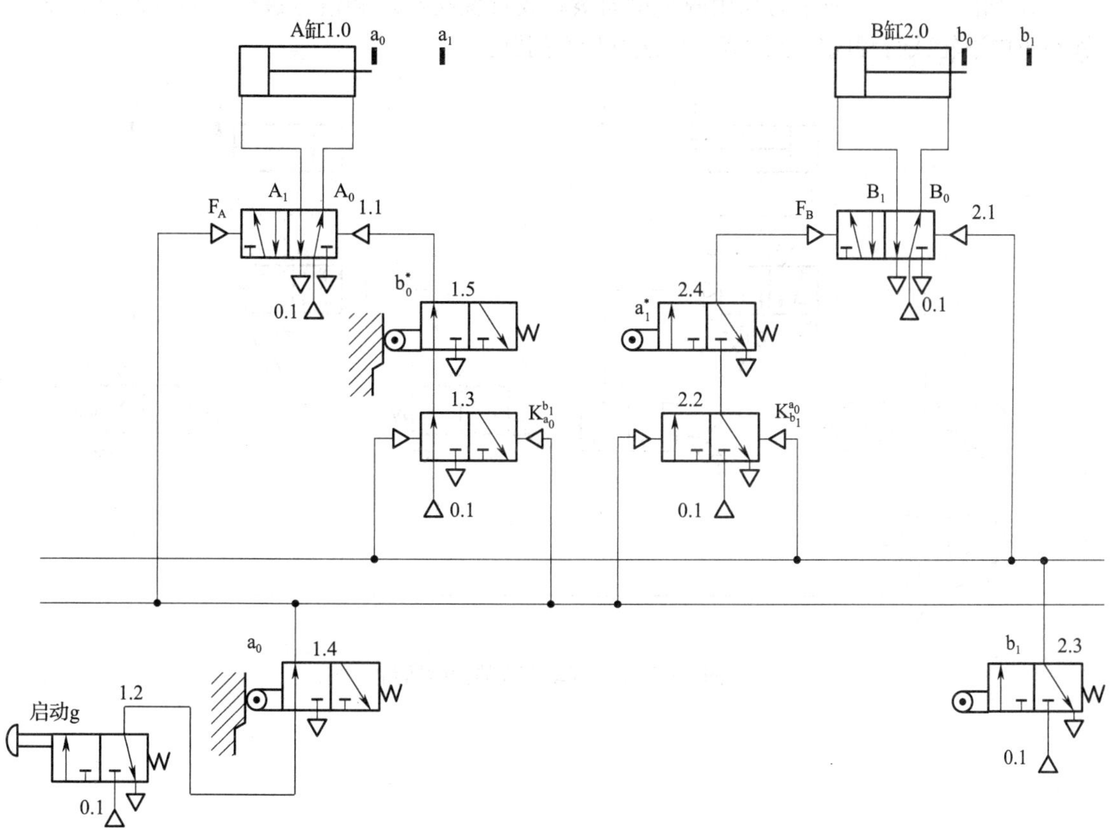

图 7—1—3　半自动钻床气动控制回路

A 缸伸出压下行程阀 a_1后，实现 B 缸活塞杆伸出；当 B 缸活塞杆伸出压下行程阀 b_1后，回路是如何实现 B 缸活塞杆缩回的？

2. 如图 7—1—4 所示为采用两个单向滚轮式行程阀对障碍信号进行消障的回路，试回答在单向滚轮式行程阀安装过程中应注意什么问题。

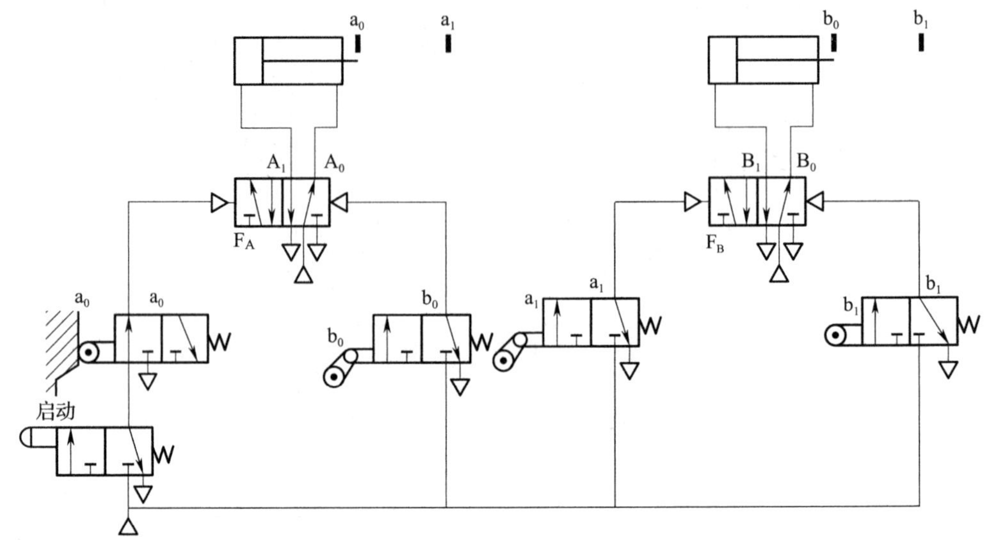

图 7—1—4　气动系统的消障回路

§7—2　压力、流量控制阀与双缸压力控制回路

填空题（请将正确答案填在横线处）

1. 压力控制阀包括________________、________、________及多功能组合阀。

2. 图 7—2—1 所示为带压力表的调压阀，它能调节________，且低于________，并能保持__________的稳定，因而将压力表接于调压阀的__________。它的图形符号为________。

3. 安全阀相当于液压系统中的________，它在气压系统中限制回路中的______________，以防止管路等破裂及损坏，起着________作用。

4. 在实际应用中，顺序阀很少单独使用，如图 7—2—2 所示为压力顺序阀的实物图，它是将________和______组合使用的组合阀，通过调节手轮实现压力的调定，为了显示压力顺序阀的调定值，在回路中通常与________一起使用。

5. 在气压传动系统中，空气经过空气压缩机的________、________，储存在储气罐内，然后通过管路输送给各个气压传动装置使用。

6. 如图 7—2—3 所示为流量控制阀的实物图，图中 1 表示________，2 表示________，3 是用来调节________________，从而实现________的气压传动元件。

图 7—2—1　带压力表的调压阀

图 7—2—2　压力顺序阀

图 7—2—3　流量控制阀

7. 如图 7—2—4 所示，图 7—2—4a 是________阀，图 7—2—4b 是________阀，图 7—2—4c 是________阀，在结构上都有______部分，它们都是________阀的衍生阀。

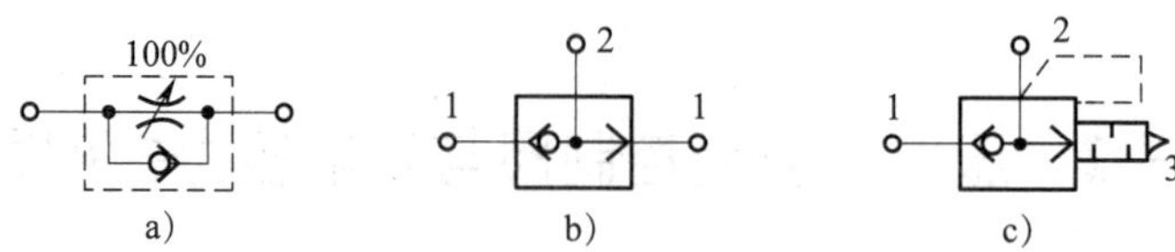

图 7—2—4　阀的图形符号

判断题（判断正误并在括号内填√或×）

1. 储气罐中的空气压力一般比设备所需的压力要高些。（　　）
2. 压力安全阀相当于液压系统中的减压阀，起到限制系统最高压力的作用。（　　）
3. 压力阀可以对系统中的管路及元器件起过载保护的作用。（　　）
4. 顺序阀不工作时，工作口是没有压缩空气输出的。（　　）
5. 经调压阀调定后输出的系统压力相对较稳定，压力波动值不大。（　　）
6. 在气压传动系统中，调节系统气压一般采用调压阀，即减压阀。（　　）
7. 节流阀是通过调节阀的开度来限制压缩空气流量的控制阀。（　　）
8. 排气节流阀是一种带有消声器件的流量控制阀，常装在执行元件的进气口处，用于调节进入执行元件的气体流量。（　　）

选择题（请在下列选项中选择正确答案并填在括号中）

1. 单向节流阀是由单向阀和节流阀并联而成的组合阀，它一般安装在（　　）和（　　）之间。

A. 主控阀　　B. 执行元件　　C. 动力元件

2. 快速排气阀可以使气缸快速排气，从而加快气缸的运动速度，一般安装在（　　）。

A. 气缸排气口处　　B. 换向阀排气口处　　C. 换向阀和气缸之间

思考题

如图 7—2—5 所示，该回路用于需要同时提供两种不同压力来驱动一个执行元件的往返运动的场合。试说明回路的工作原理及两减压阀的调定压力如何确定。

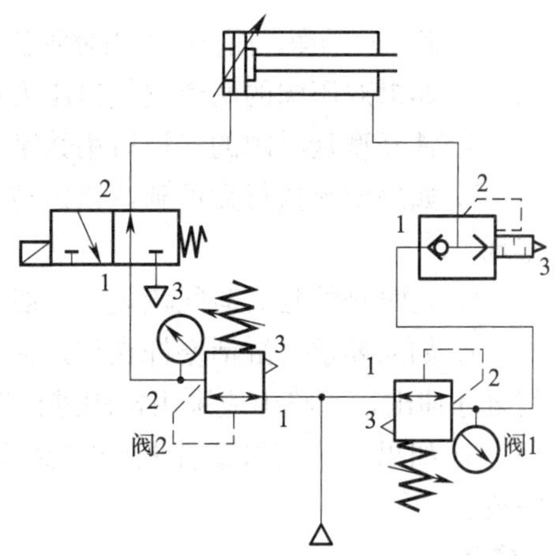

图 7—2—5　单缸气动回路

§7—3　双缸时间控制回路

填空题（请将正确答案填在横线处）

1. 延时阀由________________、________________和________组合而成，它属于方向控制阀。

2. 根据 3/2 换向阀的常态位，将延时阀分成两大类：________________、________________。

3. 图 7—3—1 所示为双压阀实物图，图中 1 表示______________，2 表示_______________。信号输入口用数字________表示，信号输出口用数字______表示。

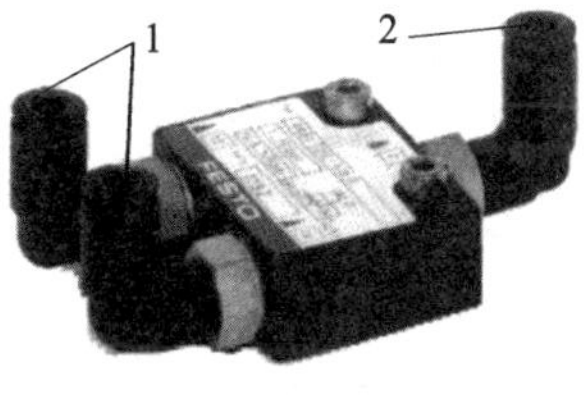

4. 当要求回路中 2 个气缸协调顺序动作，并实现时间控制时，常采用________进行控制。

图 7—3—1　双压阀

判断题（判断正误并在括号内填√或×）

1. 所有延时阀都有储气室。　（　　）

2. 若空气洁净，而且压力相对稳定，延时阀在时间控制上可以保证准确的切换时间。（　　）

3. 如果双压阀的两个进气口压力不同，那么出气口输出高压力的压缩空气。（　　）

4. 常开型延时阀的气控口用数字“10”表示。（　　）

5. 如果要求执行元件到达指定位置，延时一段时间后缩回，则应选用常闭型延时阀来实现。（　　）

6. 延时阀的延时时间较短，一般只有 0～30 s。（　　）

7. 如果要求气缸活塞杆在到达完全缩回位置后再延时一段时间，两个条件同时满足后气缸才伸出，回路中应采用梭阀进行控制。（　　）

8. 如果一个气缸或控制阀需要从两个或更多的位置都能进行驱动，可使用双压阀来完成。（　　）

思考题

如图 7—3—2 所示，公交车上的司机和售票员负责控制气动门的开启和关闭。如果司机或者售票员按下按钮，门开启；如果两人再次同时按下按钮，需延时一段时间后，门才关闭。试分析回路的工作原理。如果按下按钮 S1 或 S2，气缸将如何运动？如果两个按钮 S1 和 S2 都按下，气缸又将如何运动？

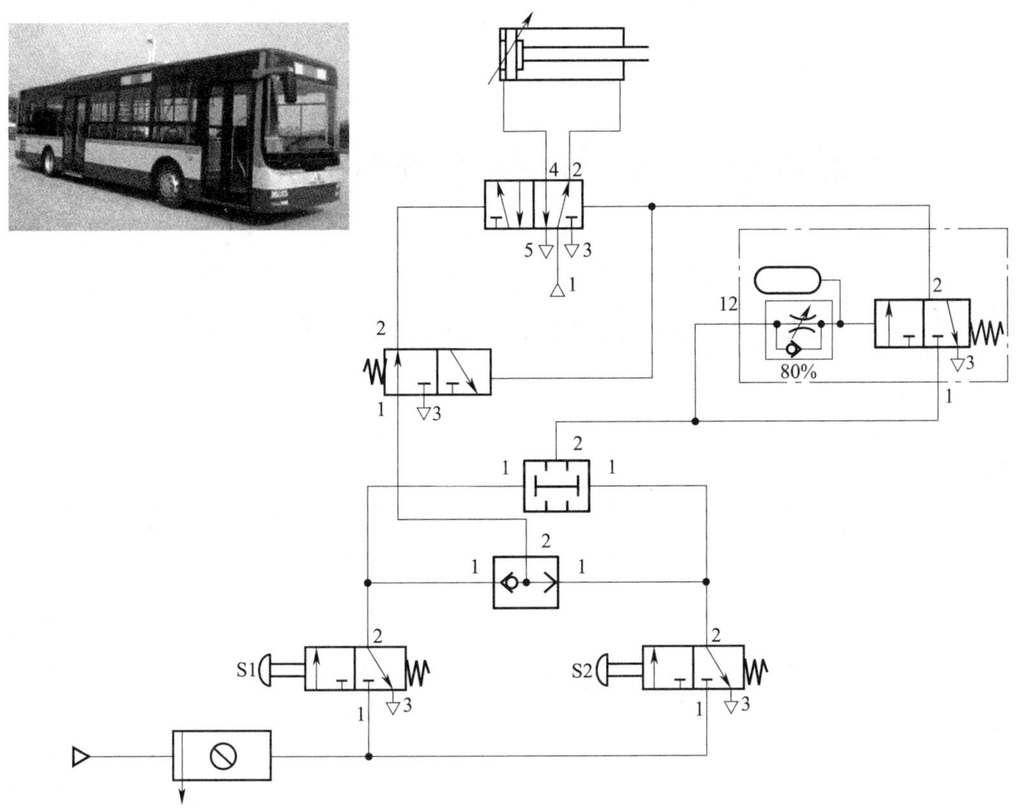

图 7—3—2 公交车气动门的气动系统回路

第八章　气压传动系统分析与维护

§8—1　颜料振动机气压传动系统的分析

思考题

1. 有人设计一个双手控制气缸往复运动回路，如图 8—1—1 所示，此回路能否工作？如果该回路不能正常工作，需要如何修改？

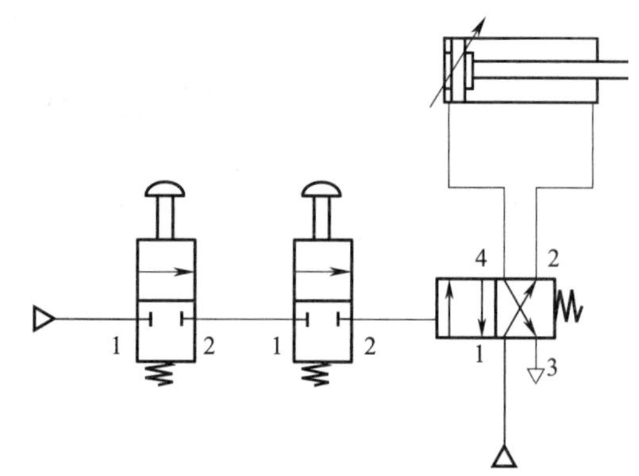

图 8—1—1　双手控制气缸往复运动回路

2. 一台气动送料机构送料气动系统的动作要求如下：按下启动按钮后，送料气缸前进到 A_1 处后停留一段时间再退回，一直这样往复运动，直到按下停止按钮。当该送料机构发生故障时，工人对其进行维护后重新对气动系统进行了安装连接，其气动回路如图 8—1—2 所示。

（1）分析该回路是否安装连接正确。如果该回路不正确，请指出错误所在。

（2）完成正确的控制回路图。

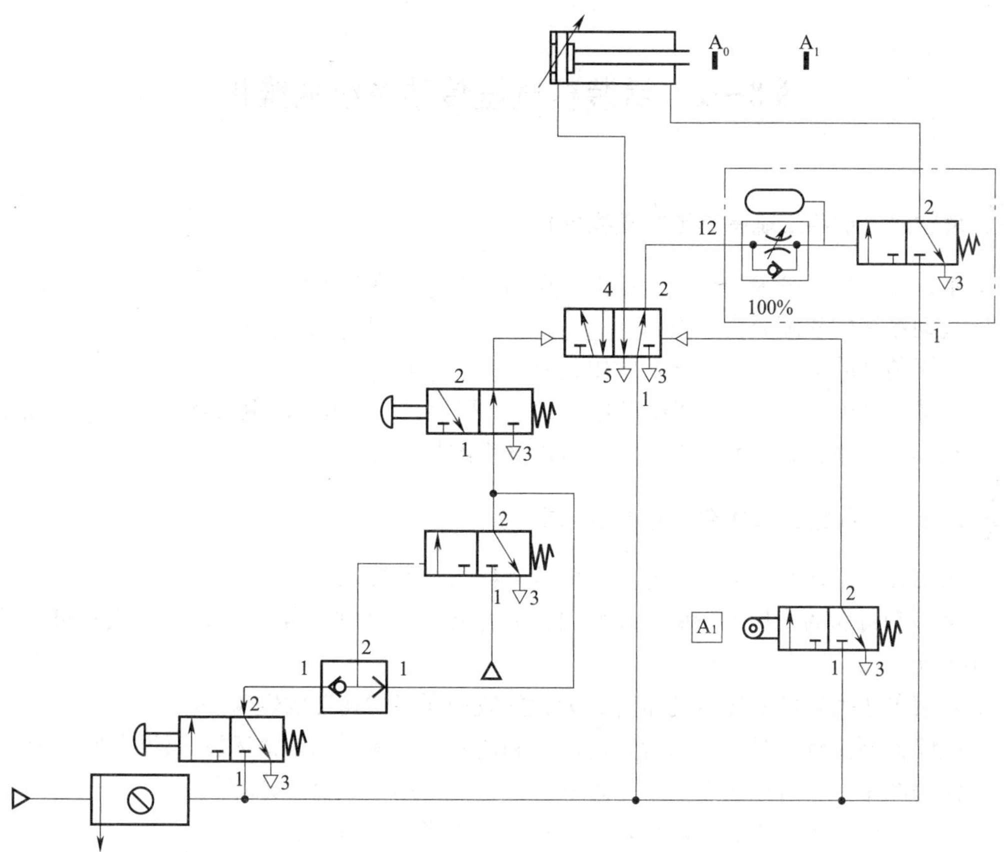

图 8—1—2　气动送料机构送料气动系统

§8—2 灌装机气压传动系统的维护

填空题（请将正确答案填在横线处）

1. 维护工作可以分为________维护工作和________维护工作。
2. 气动系统的故障分为三类：________、________和________。
3. 气压传动故障诊断的方法，常用的有________和______________。
4. 故障诊断流程图是由一些规定的________和________组成，用来描述________的图形。
5. 在调试阶段和开始运转的两三个月内发生的故障称为________。

判断题（判断正误并在括号内填√或×）

1. 系统在稳定运行时期内突然发生的故障称为初期故障。（　）
2. 每日和每周的维护工作应该比每月或每季度的维护工作更仔细，但仍限于外部能够检查的范围。（　）
3. 观察各压力表的测压点的压力有无大的波动属于“切”的经验法。（　）
4. 故障诊断流程图是由一些规定的图形和流程线组成，用来描述算法的图形。（　）
5. 流程图中，平行四边形表示处理框、执行框，用于赋值、计算。（　）
6. 流程图中，菱形表示判断框，成立写 Y，不成立则写 N。（　）
7. 检查故障采取“望、闻、问、切”的方法属于故障诊断法中的推理分析法。（　）
8. 每天工作结束后，将各处冷凝水排放掉，目的是以防结冰。（　）

选择题（请在下列选项中选择正确答案并填在括号中）

1. 故障诊断流程图中，用来表示起止框的图形是（　）。

A. 长方形　　B. 圆角长方形　　C. 菱形

2. 以下不属于气动系统日常维护保养工作的中心任务的是（　）。

A. 保证气动系统的可靠性　　B. 保证气动元件和系统得到规定的气压

C. 保证润滑元件得到必要的润滑　　D. 保证给气动系统清洁干燥的压缩空气

3. 采用推理分析法时，从故障的症状推理出故障的真正原因，正确的三步骤顺序是（　）。

（1）从故障的症状，推理出故障的本质原因。

（2）从故障的本质原因，推理出故障可能存在的原因。

（3）从各种可能的常见原因中，推理出故障的真实原因。

A. （1）（2）（3）　　B. （3）（2）（1）　　C. （2）（3）（1）

思考题

公共汽车门采用气动控制，司机和售票员可分别控制汽车门的开和关，试设计车门气控回路。要求：

（1）车门用单作用气缸驱动，车到站，司机和售票员只要有一人发出开门信号，门就开启；车启动，必须两人都发出关门信号，门才关闭。

（2）车门用单作用气缸驱动，车到站，司机和售票员两人都发出开门信号，门才开启；车启动，只要有一人发出关门信号，门就关闭。

（3）车门用双作用气缸驱动，车到站，司机和售票员只要有一人发出开门信号，门就开启；车启动，必须两人都发出关门信号，门才关闭。

（4）车门用双作用气缸驱动，除（3）的要求外，还需要考虑当气控线路出问题后能直接用手动气阀开关车门。